CULTURE

DE L'ŒILLET SOUS CHASSIS

AVANT-PROPOS

Sollicités par plusieurs horticulteurs et amateurs de nos amis et animés des sentiments qu'inspirent le désir d'être, si possible, utile à l'horticulture et par cela même à notre Pays ; pensant aussi qu'il manquait une étude élémentaire sur la " Culture de l'Œillet ", nous avons cru être agréable à ceux qui s'intéressent à cette question en condensant en quelques pages les indications et renseignements nécessaires pour éviter des tâtonnements et faire connaître à chacun, d'une manière concise, la marche à suivre et les procédés les plus simples et les plus convenables pour réussir : tel est le but pratique de cette étude qui n'a aucune prétention scientifique.

Dans l'espoir d'atteindre ce résultat, nous avons passé en revue les divers moyens de multiplications : semis, marcottage, bouturage, en donnant pour chacun d'eux, des renseignements circonstanciés sur les soins qu'ils exigent ; nous sommes ainsi arrivés à parler de la plantation définitive et de la construction des diverses bâches, en fer et en bois, à deux, trois et quatre chassis, en complétant toutes nos indications par des figures et des photographies.

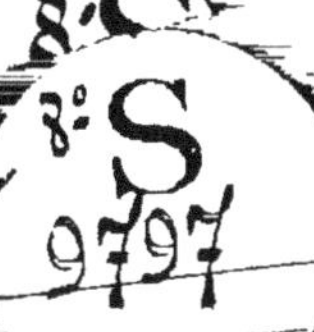

CULTURE DE L'ŒILLET SOUS CHASSIS

Procédés de Multiplication — Plantation — Orientation et Construction des Bâches en fer et en bois — Soins d'entretien — Engrais — Maladies — Moyens de s'en préserver et de les combattre — Rotation des cultures — Cueillette et Expédition — Forçage au thermosiphon.

Orné de Nombreuses Figures et Photogravures

par

[illegible]
Ingénieur Agricole
Professeur d'Agriculture et d'Horticulture
à l'École pratique d'Agriculture et d'Horticulture d'Antibes

Prix : 1 fr. 50

DÉPOSITAIRES GÉNÉRAUX :
H. BERGER et Cie, Imprimeurs-Libraires
ANTIBES

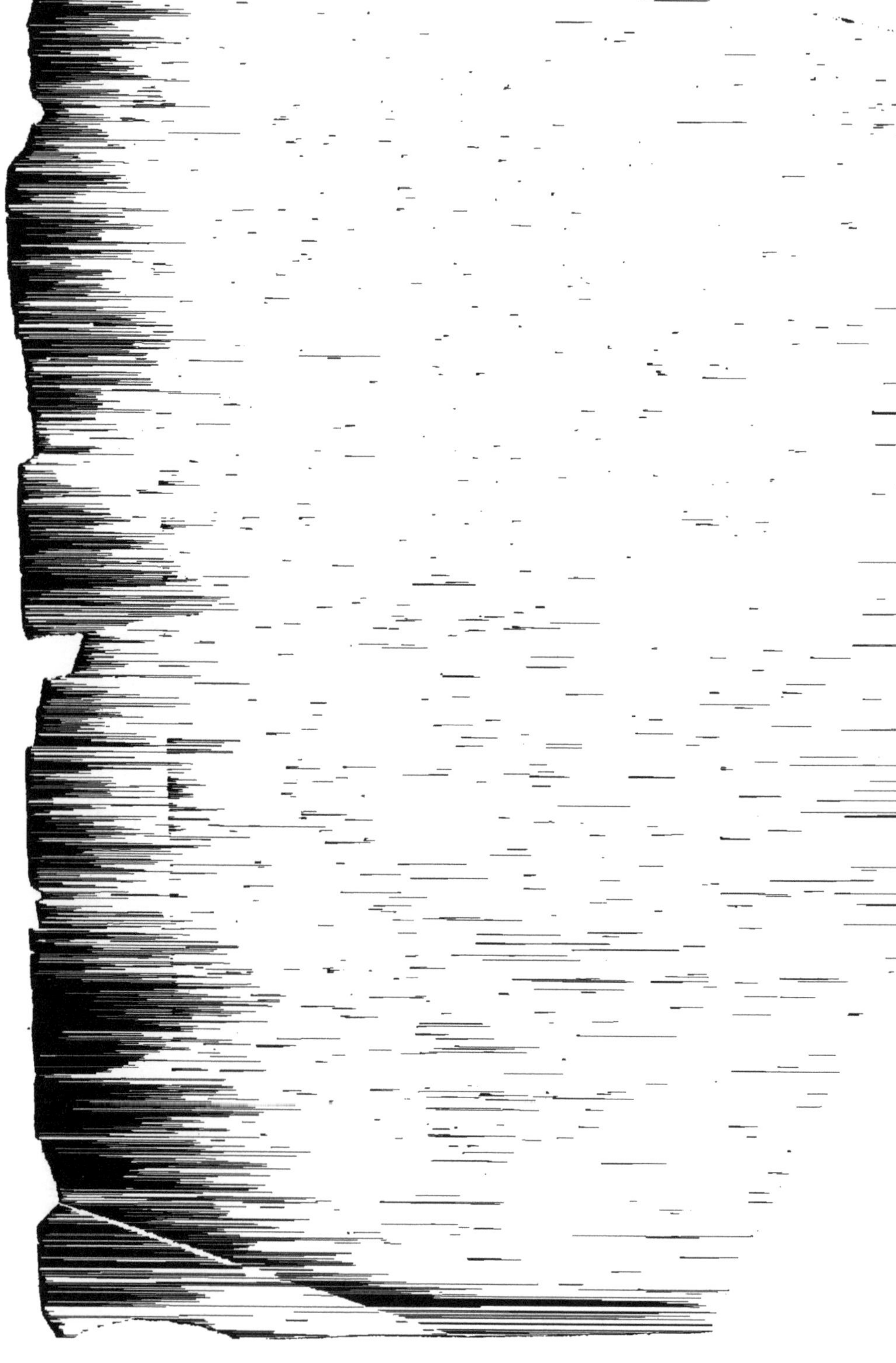

CULTURE
DE
L'ŒILLET SOUS CHASSIS

Procédés de Multiplication — Plantation — Orientation et Construction des Bâches en fer et en bois — Soins d'entretien — Engrais — Maladies — Moyens de s'en préserver et de les combattre — Rotation des cultures — Cueillette et Expédition — Forçage au thermosiphon.

Orné de nombreuses Figures et Photogravures

par
FRANCIS ORENGO
Ingénieur Agricole
Professeur d'Agriculture et d'Horticulture
à l'École pratique d'Agriculture et d'Horticulture d'Antibes

1898
DÉPOSITAIRES GÉNÉRAUX :
H. BERGER et Cie, Imprimeurs-Libraires
ANTIBES

Nous parlons aussi des nombreux soins d'entretien que réclame cette culture, des fumures complémentaires, des engrais chimiques, des différentes maladies dûes aux insectes ou à la présence de cryptogames, en indiquant les moyens à employer pour s'en prémunir ou les combattre.

Nous avons également cru devoir signaler les plus belles variétés d'œillets remontants à cultiver en recommandant à cet effet les plus florifères, les plus rustiques, les plus recherchées et les plus rémunératrices.

Arrivant ainsi à l'époque où l'œillet doit être recouvert et protégé par le verre, nous indiquons la marche à suivre et les soins indispensables à donner à ce moment, en signalant aussi les principaux moyens d'éviter le refroidissement dû au rayonnement nocturne. Nous parlons ensuite de la cueillette venant couronner l'œuvre de l'horticulteur et lui donner une légitime récompense en échange de son travail.

Le forçage de l'œillet termine enfin cette modeste étude.

Notre ambition serait largement satisfaite et nous nous estimerions amplement récompensé si notre humble opuscule pouvait aider ceux qui se livrent ou se livreront à cette culture.

Francis ORENGO.

CULTURE DE L'ŒILLET SOUS CHASSIS

Œillet des Fleuristes

(Dianthus caryophyllus; Lin:) des mots grecs Dios, Jupiter et Anthos, fleur : fleur divine par sa beauté. C'est pourquoi nous avons tenu à propager les connaissances qu'exige cette intéressante culture. L'engouement légitime qui depuis ces dernières années s'est manifesté pour cette fleur aussi belle qu'odorante justifie bien l'heureuse dénomination que lui a donnée Linné. Elle est, parmi les fleurs dont se parent nos parterres, une de celles qui disputent à la rose les meilleures places, concourt avec elle à garnir les vases de nos salons et lui fait une concurrence acharnée pour orner les boutonnières de nos élégants.

L'œillet est un genre de plantes dicotylédones, dialypétale de la famille des caryophyllée, à laquelle elle a donné son nom ; ses espèces sont très nombreuses, et les variétés remontantes issues de l'œillet des fleuristes sont innombrables. L'effervescence produite par plusieurs variétés renommées, le bon accueil que les amateurs et en général le public leur a réservé, les produits fort rémunérateurs qu'il donne ont engagé bon nombre d'horticulteurs spécialistes à créer de nouveaux types de grosseurs recherchées et de coloris délicats : telle est la raison qui fait que nous sommes aujourd'hui en présence d'un nombre indéfini de variétés, de couleurs et de noms différents. Plusieurs d'entre elles, toujours baptisées par les obtenteurs, portent les noms du créateur ou d'un des membres de sa famille; quelques unes sont dédiées à des personnages de marque, d'autres portent un nom rappelant leur couleur ou leur forme ou enfin celui du territoire qui les a vues naître.

Il serait fastidieux d'entreprendre l'étude de ces variétés ou même de les énumérer; nous nous bornerons, quand nous aurons passé en revue les moyens de multiplication, à signaler les plus saillantes et les plus recherchées.

MOYENS DE MULTIPLICATION

La multiplication de l'œillet s'obtient de trois façons *principales : 1° par semis ; 2° par marcottage ; 3° par* bouturage.

Semis — Les semis ne s'exécutent qu'en vue d'obtenir des variétés nouvelles ce que tout le monde ne peut tenter de faire à cause des soins minutieux, des frais, du temps et des connaissances exigés.

Quand, dans un espace restreint, plusieurs variétés se trouvent réunies, il se produit généralement des hybridations naturelles ; car le pollen est facilement transporté d'une variété sur une autre par les vents ou par les insectes, ces agents heureux de la fécondation des plantes. Ces fécondations par un pollen étranger à la fleur, se produisent avec facilité ; c'est ce qui explique que le semis donne souvent des types nouveaux.

Mais les spécialistes ne se contentent pas de ces autofécondations et apportent eux-mêmes un soin précieux à des fécondations artificielles. C'est sur les résultats de ces opérations que l'horticulteur fonde ses plus belles espérances, s'appliquant et s'ingéniant à en faire varier les formes à en nuancer les couleurs, afin de produire un type sensationnel, par sa grâce et ses capiteuses senteurs : réaliser, en un mot, un idéal de beauté.

Pour exécuter cette hybridation, l'opérateur attend l'épanouissement de la fleur pour apercevoir ses organes; ou parfois même, craigant qu'à ce moment la fécondation ne se soit déja produite, devance mécaniquement cet épanouissement pour extraire habilement les étamines à l'aide d'une petite pince ; c'est en cela que l'opérateur doit faire preuve de beaucoup d'adresse. Cela fait, il se procure de la même manière le pollen qui doit féconder, et, à l'aide d'un fin blaireau, il l'applique sur le stigmate de la fleur mère. Cette opération doit s'effectuer à l'heure où se produit ordinairement l'épanouissement de la fleur, pendant une journée chaude et sèche. Les fleurs doivent ensuite être soigneusement abritées des vents et des pluies qui pourraient entraver le succès de l'opération. Quelques semaines après, les graines sont bonnes à être récoltées: à cet effet on a soin de recueillir les capsules dès qu'elles commencent à bailler à leur extrémité; on les dispose ensuite dans un endroit sec et aéré jusqu'au moment où la graine atteint sa complète maturité. L'horticulteur doit s'attacher à effectuer cette interessante manipulation sur des sujets parfaitement sélectionnés; ainsi, étant donné un père et une mère réunissant déjà de nombreuses qualités le nouvel individu tiendra des deux; cependant on remarque le plus souvent que la ressemblance tend à se prononcer davantage du côté de la mère. Celle-ci aura dû être choisie avec le plus grand soin. Le pollen recueilli sur un œillet rouge et répandu sur le pistil d'un œillet blanc fournira fort propablement un individu intermédiaire blanc, plus ou moins bigarré de rouge. On voit donc, par ce moyen, la facilité qu'il y a de créer à l'infini, et de faire engendrer à la nature infatigable des variétés nouvelles. Une fois qu'on les aura perfertionnées et parfaitement fixées par le bouturage, il ne restera plus qu'à leur donner un nom pompeux et, pour faciliter leur lancement dans le commerce, leur choisir une marraine ou un parrain influent.

Le semis s'exécute dans des terrines composées de terre franche, de sable et de terreau. Il faut éviter une trop grande humidité, sous peine de voir se développer une maladie connue sous le nom de « toile ». Lorsque la jeune plante est arrivée à sa troisième ou quatrième feuille, on lui fait subir deux ou trois repiquages successifs pour la fortifier.

Ainsi qu'on vient de s'en rendre compte, les soins méticuleux et les multiples connaissances qu'exige ce procédé de multiplication, le mettent seulement à la portée des professionnels, des collectionneurs, ou des véritables amateurs, assez nombreux du reste et toujours avides de recherches et de créations.

Marcottage — Le marcottage est employé pour certaines variétés qui ont peine à reprendre, ou même ne reprennent pas du tout par bouture. Cette opération, fort simple, consiste à faire développer des racines sur les tiges avant de les avoir séparées de leur pied mère. Le marcottage peut être pratiqué en toute saison. Cependant, le printemps paraît être le plus favorable à la réussite de l'opération. La marcotte subira l'influence de toute la végétation de l'été suivant, et ses racines tout en devenant plus nombreuses, se développeront avec plus de facilité.

Le marcottage simple est celui qui est employé pour l'œillet. Il consiste à placer dans une petite fosse le rameau sur lequel on veut faire développer les racines et à le maintenir couché à l'aide d'un petit crochet en bois ou d'une petite fourche en roseau ; puis on en relève l'extrémité que l'on attache à un tuteur. Le sol doit être maintenu frais et meuble. Pour éviter une évaporation trop rapide, le terrain est recouvert d'un léger paillis. Quand les racines sont suffisamment développées, on sépare le rameau du pied mère : cette opération prend le nom de sevrage. Sur une seule plante d'œillet plusieurs marcottes peuvent être ainsi exécutées ; on choisira bien entendu de préférence les rameaux les plus beaux et les plus longs. On fait aussi quelquefois le marcottage en l'air, qui consiste à faire passer un rameau légèrement incisé dans un vase ou un cornet de terre maintenu humide et soutenu à hauteur convenable à l'aide d'un support. Ce procédé plus compliqué, moins expéditif, n'est pas à conseiller, puisqu'il ne présente, dans ce cas, aucun avantage sur le précédent. Le marcottage en l'air n'est utilement employé que pour les plantes qui ne présentent pas de rameaux à leur base et pour lesquelles on est obligé de se servir des ramifications supérieures.

Bouturage — Le bouturage est le mode le plus usité, le plus simple et le plus rapide. Il tend à provoquer le développement de racines adventives sur un fragment de rameau qui n'en possède pas ; il joint à sa grande simplicité l'avantage de reproduire exactement tous les caractères de l'individu et même de la partie de l'individu dont elle émane. Tout l'art de l'horticulteur consiste à placer cette

Fig. 1 — Rameau d'œillet montrant les boutures à l'aisselle des feuilles

partie de la plante, possédant tout ce qui est nécessaire à sa vie, dans un milieu qui, par son humidité et sa chaleur, sera favorable au développement des racines, seuls organes lui manquant. C'est de ce premier soin que dépendra souvent le plus ou moins de succès qui couronnera ce procédé de multiplication.

On peut bouturer l'œillet pendant la plus grande partie de l'année, cela dépend de l'époque à laquelle on veut avoir la floraison. Lorsqu'on vise à la production hivernale, cette opération s'exécute depuis novembre jusqu'en février.

Choix et préparation des boutures — Les boutures sont recueillies sur des pieds en pleine floraison à l'aisselle des rameaux florifères ; (fig. 1) plus encore que pour la vigne et pour les autres végétaux multipliés par ce procédé, il faut avoir soin de les choisir sur les pieds les plus sains, les plus beaux et les plus vigoureux; on doit aussi prendre garde de ne pas bouturer sur les sujets chétifs ou malades sous peine d'un échec certain.

Fig. 2 ; Bouture détachée du pied mère avant la floraison.

Le rameau détaché du pied mère, tel que le représente la figure ci-contre, (fig. 2), doit subir la petite préparation suivante : à l'aide d'un greffoir on retranche les deux ou trois feuilles de la base et on écime les autres à une même hauteur, un peu au dessus du bourgeon central ; par un coup d'ongle ou de greffoir, on fend ensuite légèrement sur une hauteur de 4 à 5 millimètres l'extrémité inférieure de la bouture de façon à faciliter l'émission des jeunes racines. On obtient ainsi la bouture, telle que le représente la figure 3, prête à être repiquée.

Fig. 3 : Bouture préparée

Cela fait, et après avoir obtenu le nombre voulu de boutures, on place ces dernières dans des terrines remplies d'un mélange de sable et de terreau, que l'on recouvre d'une cloche en verre ou que l'on met dans une serre ou un endroit chaud ; si l'on en possède un grand nombre on les mettra dans des coffres vitrés pleins du même mélange.

Nous devons dire que si, d'une façon générale, les boutures ne se font presque exclusivement que sous verre, elles peuvent réussir en plein air dans les endroits privilégiés, secs, simplement abrités alors par des paillassons

Soins à donner aux boutures — Préparation de la couche — La mise en pépinière s'exécute à l'aide d'un petit plantoir en bois bien effilé; les boutures sont mises dans un sol meuble et perméable, car la plante redoute un excés d'humidité.

Suivant leur force et leur longueur, qui n'excède généralement pas 7 à 8 centimètres, on les enterre plus ou moins profondément; mais 2 ou 3 centimètres sont suffisants. On a remarqué que les boutures trop profondément enfoncées dans le sol reprenaient moins bien et tendaient à pourrir à hauteur du collet.

Pour éviter cet inconvénient il est bon de répandre sur la couche une légère épaisseur de sable qui protége ainsi le collet de l'humité constante qui est le plus souvent la cause du mal. On peut aussi remplacer ce sable par une couche de un centimètre de poussier de charbon.

La distance à observer doit varier selon que l'on veut faire subir à la jeune plante un deuxième repiquage ou que l'on veut la mettre en place dès que l'enracinement aura eu lieu. Dans le premier cas les boutures sont plantées très rapprochées les unes des autres, et on adoptera la disposition en lignes, avec un écartement de 5 à 6 centimètres en tous sens. Dans ce cas, aussitôt après l'enracinement on procède à un second repiquage, opéré dans les mêmes conditions, qui a pour but de fortifier et multiplier les jeunes racines.

Lorsqu'on ne doit pas exécuter ce second repiquage, les boutures sont mises à un écartement plus grand (0 m.10 environ), permettant aux plants de se développer librement, pour être mis en suite directement à demeure.

De ces deux procédés, le premier est de beaucoup préférable; car, s'il exige un peu plus de travail de main d'œuvre, on obtient toujours des plants plus forts, plus vigoureux et possédant des ramifications radiculaires plus nombreuses, ce qui dans la suite assure à la plante une végétation luxuriante.

Pendant ce travail d'enracinement, la pépinière doit

être l'objet de divers soins, qui consistent à écimer les boutures pour les faire ramifier, et à les arroser modérément à l'aide d'une pomme finement percée. Le premier arrosage doit être effectué de suite après le repiquage; il a pour but essentiel de tasser la terre au pied de la bouture. Enfin, des sarclages doivent être faits avec précaution quand le besoin s'en fait sentir.

Dans le début, les boutures sont un peu tenues à l'étouffé pour faciliter la reprise; mais quand le temps est beau on ouvre les coffres pour aérer et faire durcir les tissus de la jeune plante et obvier ainsi à l'étiolement qui se produit fatalement sur toutes les plantes qui végétent sous verre et dans des conditions anormales.

Il faut soigneusement éviter d'ouvrir les coffres les jours de vent, toujours désséchants, avant que la reprise soit terminée.

Ces jeunes plantations ne sont malheureusement pas indemnes de certains ennemis parmi lesquels un de ceux qui commettent le plus de ravages est la courtilière. Cet insecte aussi vilain que redoutable est encore connu sous le nom de taupe-grillon. Mesurant 5 ou 6 centimètres de long, la courtilière est parfaitement organisée pour fouiller et labourer la terre en détruisant tout sur son passage. Lorsqu'une bouture a été coupée par les robustes mâchoires de cet ennemi, elle prend une couleur jaune et un aspect languissant, qui ne laisse aucun doute sur le sort qu'elle a subi. Cherchez dans les environs, et vous ne tarderez pas à apercevoir de petits monticules de terre à l'entrée des galeries qui servent de refuge à l'insecte.

Plusieurs moyens de chasse et de destruction existent. Nous signalons ceux qui nous ont généralement réussi. Le premier consiste à enterrer le soir en un ou plusieurs endroits différents, un pot-à-fleur ordinaire garni de brins d'herbe et de terre humide. Ce moyen bien simple constitue un piège excellent. Le matin on retire les pots et on en extermine les hôtes.

Le second procédé, plus radical encore, consiste à enfoncer dans le sol, de place en place, à l'aide d'un bâton pointu, des chiffons de laine trempés dans du sulfure de carbone, lequel constitue, on le sait, une insecticide puissant. Si les vapeurs dégagées ne sont pas suffisantes pour détruire l'animal, on est certain au moins de le faire fuir bien loin ; car il se trouve fortement incommodé par l'odeur et on évite ainsi ses redoutables dégâts.

Enfin il faut veiller aussi à ce qu'aucune maladie cryptogamique ne vienne se développer sur les jeunes plants. Dans le cas pourtant où cela adviendrait, il faudrait se hâter, aussitôt que l'on s'en serait aperçu, de prodiguer les soins voulus, qui consistent à commencer les traitements cupriques selon les formules que nous indiquerons plus loin. Pour éviter une contamination toujours rapide, on couperait au ciseau les feuilles ou parties de feuilles qui, les premières, porteraient la trace de la maladie. Celle-ci étant généralement causée par une trop grande humidité, on aérera autant que possible, si le temps est beau et sec ; si le temps est humide et qu'on ne puisse ouvrir, on mettra à l'intérieur des coffres ou bâches à bouturage, quelques pots contenant des fragments de chaux vive qui auront pour but d'absorder l'excès d'humidité de l'air ambiant.

Enfin six à huit semaines après la plantation, l'enracinement est suffisant pour permettre, selon la méthode employée, soit un second repiquage, soit la mise en place directe.

PLANTATION DÉFINITIVE

Avant de recevoir les plantes, le sol doit avoir été labouré avec soin, et fumé abondamment au fumier de ferme; puis, disposé en planches de longueur et de largeur variables et surélevées de 0 m. 25 au dessus du niveau du sol.

Vue d'une plantation d'œillet

La disposition adoptée est en lignes ; on trace celles-ci à l'aide d'un cordeau ou d'un rayonneur, et on les distances de 0 m. 30, 0 m. 40 ou 0 m. 50, selon que l'on a affaire à des variétés à port plus ou moins étalé, laissant vers le milieu un passage de 0 m. 40. A l'aide de petites bêches ou de plantoirs, on pratique un trou dans lequel on place l'œillet raciné, entouré de sa motte. Nous insistons sur ce détail car il est important. Il est urgent, lorsqu'on arrache les œillets de la pépinière, de les retirer avec leur motte et de ne pas se contenter d'arracher simplement le plant en brisant ou détruisant une plus ou moins grande partie du chevelu. En opérant avec ces précautions, la reprise sera toujours plus certaine et plus prompte ; l'expérience l'a démontré maintes fois. Lorsque la plante est à sa place, on tasse fortement la terre tout autour.

Selon que l'on dispose de l'eau courante permettant de donner des arrosages par infiltration, ou que l'on est obligé d'arroser à la main, on donne à la plantation une disposition quelque peu différente, dans le premier cas, lorsque tous les plants sont en place, on trace entre chaque ligne, dans le sens de la largeur de la planche, les rigoles destinées aux arrosages.

Dans le second cas, on recouvre le sol d'un paillis, ou mieux d'une couche de fumier à demi consommé, qui empêche le sol de se dessécher après les arrosages; on entretient ainsi pendant plus longtemps l'humidité, et on empêche dans une certaine mesure l'apparition des mauvaises herbes. C'est par-dessus cette couche protectrice que les arrosages sont donnés.

CONSTRUCTION DES BACHES

Bâches à 2 chassis— Ces bâches sont les premières qui ont été faites. Elles sont encore très répandues chez les petits producteurs à cause de la simplicité et de la rapidité de leur construction. L'avantage qu'elles présentent, c'est qu'avec elles on utilise au maximum la surface vitrée. Le principal inconvénient qu'elles offrent, est qu'il est impossible de travailler, de cueillir et de donner les divers soins culturaux, nécessaires intérieurement, sans ouvrir les châssis.

Leur construction est fort simple : à l'endroit où sont plantés les œillets, disposés pour la circonstance, ou souvent même avant de les planter, on dispose une ligne de piquets distants entre eux de deux mètres, que l'on enfonce dans le sol de 0 m. 40 en les laissant sortir de 1 m. ; au-dessus de ceux-ci, on cloue une lambourde sur laquelle doit reposer un côté des châssis: (ces lambourdes ont généralement 4 m. de long). De chaque côté de la ligne de piquets et à une distance égale, 1 m. 30 généralement, on dispose une autre série de piquets plus petits sur lesquels seront clouées les planches de 0 m. 30 de hauteur, où viendra reposer l'autre côté du châssis (voir fig. 4).

Les deux extrémités appelées têtes de bâches, dans lesquelles on ne laisse aucune ouverture, sont fermées avec des planches, ou tout simplement avec de vieux paillassons ; on a le tort d'utiliser parfois les varechs, algues marines,

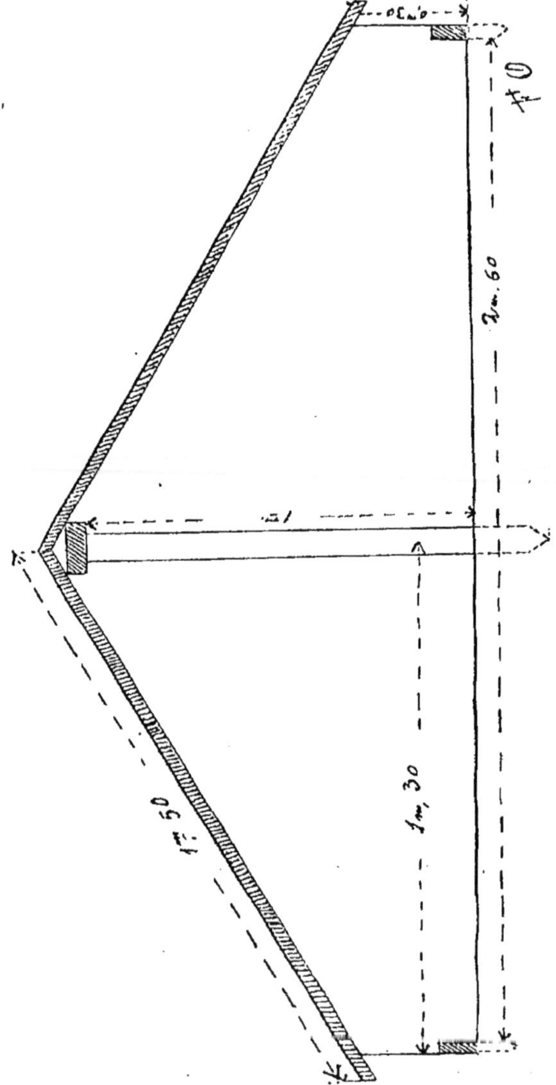

Fig. 4 : Coupe d'une bâche à 2 chassis

nombreuses au bord de mer, avec lesquelles on fait une sorte de mur de 0 m. 25 ou 0 m. 30 d'épaisseur: ces algues qui ne coûtent que la peine d'aller les chercher, quoique constituant un bon abri, peuvent être considérées, à juste titre, comme un foyer d'infection où viennent se réfugier toutes sortes d'insectes, de spores de cryptogames et des rongeurs, etc.; aussi devra t-on en proscrire l'usage. La largeur totale de ces bâches est de 2 m. 60 en général. Leur longueur est indéterminée, elle varie avec le nombre de châssis qui la recouvrent. Ceux ci sont tous construits sur un même type et sont composés d'un cadre en bois de 1 m. 35 de largeur, sur 1 m. 50 de long, trois traverses en bois disposées suivant la longueur, supportent quatre rangées de vitres de 30 sur 40. Vitrés, mastiqués et peints, la valeur de ces chassis est de huit à neuf francs. Etant donné que les piquets de 1 m. 40 nécessaires à la construction de ces bâches, valent 0 fr. 35 la pièce, les planches des côtés et des têtes de bâches, deux francs le mètre carré, et que le mètre de lambourde de 4 × 11 vaut environ 0 fr. 10, il est facile d'établir le prix de revient d'une telle construction.

Bâches à 3 chassis — Elles sont aussi très répandues et présentent déja un léger perfectionnement sur les précédentes, au point de vue de la facilité plus grande avec laquelle, grâce à la hauteur supérieure, on peut exécuter à l'intérieur la cueillette et autres travaux.

Elles se composent de deux lignes de piquets, distantes de 1 m. 30 environ et ceux-ci distants entre eux même sur la ligne de 2 mètres, chaque ligne supportant des lambourdes d'environ 4 m. de longueur. La première ligne est composée de piquets de 1 m. 40 de hauteur ; la seconde de piquets de 0 m. 90, de façon que les châssis reposant, à la partie supérieure, aient l'inclinaison résultant de la différence de niveau.

Il faut avoir soin de sulfater, goudronner ou brûler la partie des bois qui doit être enfoncée dans le sol, qui sans cette précaution pourrirait trop rapidement.

Enfin, à la droite de la rangée des plus hauts piquets, à 0. m 90 environ, et à la gauche de la seconde rangée, à 1. m 30, on plante comme dans le cas précédent, de petits piquets sur lesquels sont clouées les planches de 0 m. 30 qui supportent de chaque côté l'extrémité des chassis, lesquels ont par conséquent une inclinaison résultant de la différence de la hauteur des points d'appui. (voir fig. 4).

Pour maintenir les chassis, on les fixe sur les lambourdes à l'aide de petites charnières en cuir, qu'on se procure facilement chez les bourreliers ou cordonniers à raison de 3 fr. le kilogramme.

La largeur de la bâche ainsi construite peut légèrement varier selon l'inclinaison donnée aux chassis, mais s'éloigne peu de 3. m 75. Quant à la longueur, elle dépend de la place dont on dispose et de la quantité de chassis qu'on veut y mettre. En général elle ne dépasse guère 40 ou 47 mètres de longueur, ce qui correspond à 3 rangées de 30 ou 35 chassis.

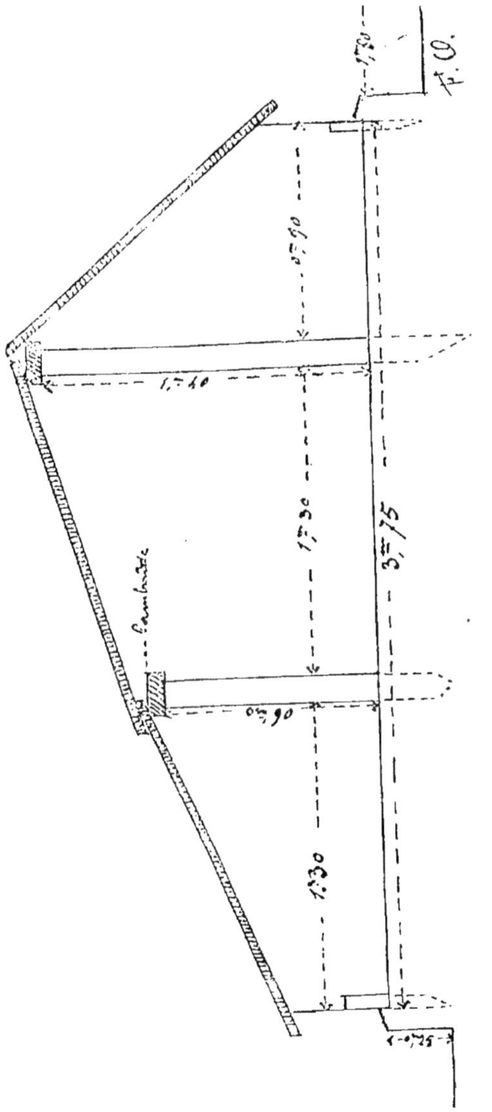

Fig. 5 : Coupe d'une bâche à 3 châssis

Bâches à 4 chassis — Ces bâches constituent de véritables serres dans lesquelles on peut travailler et circuler librement, elles sont construites d'après les mêmes principes que les précédentes.

A droite et à gauche de la rangée des plus hauts piquets et à une distance égale, se trouve de chaque côté une ligne de piquets supportant des lambourdes sur lesquelles viennent reposer les premiers chassis.

Le deuxième rang de chassis repose d'un côté sur ces mêmes piquets et de l'autre sur les planches latérales (voir fig. 6)

Ces serres, d'un très bel aspect ont une largeur moyenne de 5 m. 60.

Par cette disposition la surface vitrée est bien utilisée, mais le cube d'air étant plus considérable, la chaleur est moins grande que dans les autres, ce qui fait qu'en pratique on préfère souvent les bâches à trois chassis.

INCONVÉNIENTS DES BACHES EN BOIS

Le principal inconvénient de ces constructions est que les bois qui les constituent se pourrissent facilement, ou encore, sous l'action des pluies, se gauchisent et se disjoignent. Par suite de ce jeu, les chassis s'écartent naturellement, les planches et les têtes de bâche se voilent et se fendent et, si l'on n'y prend garde, la pluie et le froid risquent d'y pénétrer. Ces inconvénients sont d'autant plus marqués

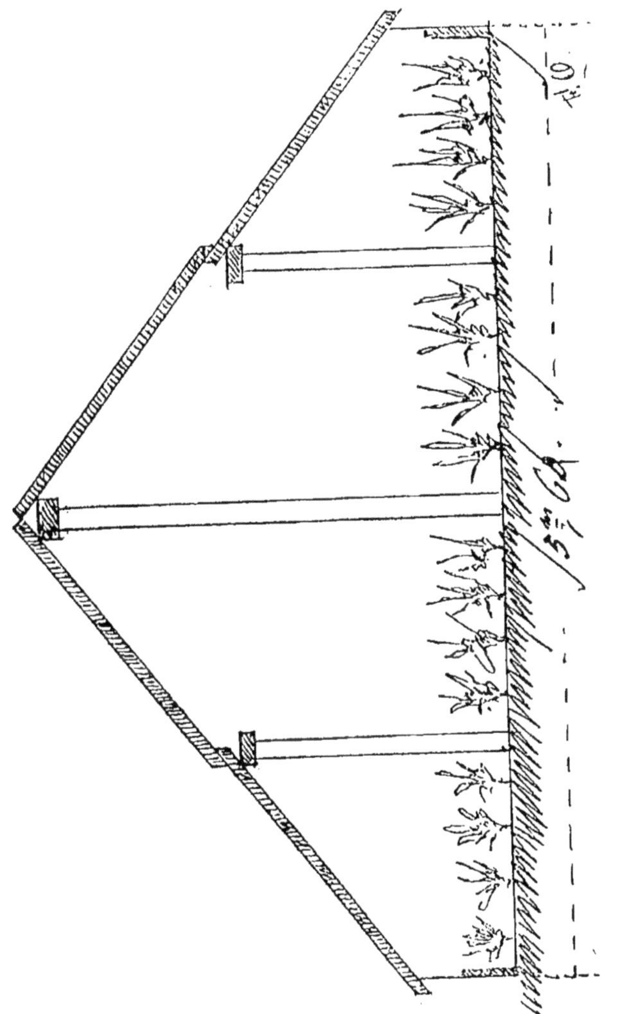

Fig. 6 : Coupe d'une bâche à 1 châssis

que ces constructions sont plus souvent montées ou démontées, à cause de la rotation des cultures. Il est donc souvent nécessaire de pourvoir au remplacement d'une plus ou moins grande partie de la boiserie.

Aussi, nous ne saurions trop engager ceux de nos lecteurs qui auraient à créer d'importants établissements horticoles, à renoncer à ce système primitif et à remplacer le bois par le fer.

M. Farrenc, Directeur de l'École d'Agriculture et d'Horticulture d'Antibes, auquel la science horticole doit déjà bon nombre d'intelligentes réformes, a préconisé un système de bâches en fer à T dont il est pleinement satisfait. Il serait à désirer, dans l'intérêt des horticulteurs, que son exemple fût suivi. Tous les inconvénients cités plus haut disparaissent ainsi pour faire place, au contraire, à de nombreux avantages. A cause de la rigidité du métal, les fermes, formant la carcasse de la bâche, ne nécessitent pas de piquets intérieurs, ce qui, tout en faisant gagner de la place, rend la circulation intérieure absolument libre et les soins à donner beaucoup plus commodes. Quant au montage et démontage, ils s'exécutent aussi facilement et plus rapidement, sans que le matériel ait à subir des avaries, comme cela se produit dans les bâches en bois.

L'aspect de ces constructions est beaucoup plus gracieux, leur solidité plus grande et, tandis que la durée des bâches en bois n'excède généralement pas six années, l'existence de celles en fer est illimitée.

Quant à leur prix de revient, nous étonnerons peut-être

bien des personnes en disant qu'il n'est pas supérieur à celui des bâches en bois.

En effet, en ajoutant au prix de celles ci le montant de leur amortissement pendant six ans (terme moyen de leur durée) on arrive approximativement à la dépense qu'exigent les bâches en fer. On a donc tout intérêt à substituer le fer au bois.

SITUATION ET ORIENTATION DES BACHES

On ne peut pas dire que l'exposition et l'orientation à donner aux bâches soient absolument fixées ; car à la la rigueur toutes les expositions peuvent convenir et le choix dépend beaucoup de la configuration du terrain.

Pour obtenir de bons résultats, le jardin floral devra, autant que possible, être naturellement abrité des vents du nord qui ne peuvent que retarder la végétation, et à défaut de cet abri, il sera toujours possible d'en créer d'artificiels, tels que murailles, haies, brise-vents, afin d'obtenir le plus de précocité possible.

Autant qu'on le pourra, il sera toujours préférable et avantageux de disposer les bâches de l'Est à l'Ouest ; elles présenteront ainsi leur plus grande longueur au midi et recevront plus directement les rayons du soleil. Dans les bâches à 3 châssis, il faudra tourner vers le Nord le côté qui ne possède qu'un seul châssis, celui qui, du sommet des plus hauts piquets, vient directement s'appuyer sur les planches et qui a par conséquent la plus grande inclinaison.

Les bâches étant ainsi disposées, le chassis vitré de la partie nord, qui, par son exposition ne reçoit jamais directement les rayons solaires, pourra dans un but d'économie, être remplacé par un chassis en planche légère (volige) ou mieux encore, ce qui est beaucoup plus pratique, par un chassis en toile imperméable, comme cela se fait chez bon nombre de grands producteurs d'œillets, et notamment au jardin floral de l'École d'Agriculture et d'Horticulture d'Antibes. Ces chassis, dans le cas particulier que nous citons, rendent de réels services. Ils sont évidemment bien moins onéreux que ceux en verre, comme cela se conçoit aisément, d'un poids de beaucoup inférieur et d'une manipulation très facile, tout en offrant une imperméabilité parfaite et une résistance suffisante aux intempéries.

Nous sommes persuadés que ces chassis sont appelés à un grand avenir et nous aimons à croire que les personnes soucieuses d'apporter à leur culture de nouveaux perfectionnements, sauront en faire l'essai, et les adopter ensuite, si, comme nous n'en doutons pas, elles leur reconnaissent les nombreux avantages qu'ils présentent.

Nous pourrions même citer quelques horticulteurs qui emploient des chassis en papier parcheminé imperméable. Leur durée est certainement moins longue ; mais ils sont aussi très peu coûteux. L'avenir et l'usage sauront nous apprendre la valeur qu'il faut leur attribuer.

Enfin quelle que soit l'orientation que l'on donnera aux bâches il faudra toujours laisser entre elles un écartement suffisant, afin qu'elles ne se projettent pas d'ombre mutuellement.

Cet écartement, dont on se rendra facilement compte, variera selon la hauteur des constructions, mais il ne sera jamais moindre de 1m50 pour les bâches à 2 chassis et 1m70 à 1m80 pour celles à 3 chassis. Ménagé à quelques centimètres plus bas que le niveau général du sol, il réunira le double avantage de tenir lieu de chemin et de constituer un drainage souverainement utile à cette culture.

SOINS D'ENTRETIEN

Pendant toute leur végétation, jusqu'au moment du recouvrement par chassis, les plantations devront être surveillées et recevoir tous les soins qu'elles exigent.

Ecimage. — Chaque fois qu'un bouton florifère tend à se développer, on le pince, de façon à faire ramifier de la base et obtenir ainsi plus tard le plus possible de rameaux à fleurs. Ces écimages devront cesser au mois d'août, époque à partir de laquelle on doit laisser la plante se développer librement.

Arrosages. — Un des points les plus importants et les plus délicats de cette culture, est celui qui concerne les arrosages : En effet, l'eau joue un rôle prépondérant dans la végétation de l'œillet, et encore faut il savoir judicieusement l'employer ; car dépasser la quantité nécessaire est aussi funeste que de n'en pas donner assez.

La température et la nature du sol sont les principaux facteurs qui doivent nous guider pour les arrosages ; il est évident que, plus la chaleur est forte, plus l'évaporation est grande, et plus aussi le sol demande à être arrosé. C'est pourquoi pendant le courant de l'été il faudra donner à la plante une humidité suffisante, sans être excessive, et multiplier plutôt les arrosages modérés que d'en donner moins souvent et de plus copieux.

On peut arroser toute la journée ; mais pendant l'été, les arrosages du matin et du soir sont préférables, l'évaporation est moindre et le sol conserve sa fraîcheur plus longtemps.

L'eau se distribue généralement de trois manières. Lorsqu'on se sert de l'eau courante, on établit à cet effet, entre chaque ligne d'œillets, une rigole, toujours disposée dans le sens de la largeur et qui recevra l'eau de la rigole principale disposée suivant la longueur. Après l'irrigation, aussitôt que le sol est bien ressuyé, on donne un binage qui remet le terrain à plat ; plus tard, on établira de nouveau les lignes d'irrigation, on donnera un nouvel arrosage, et ainsi de suite.

La deuxième manière d'irriguer, quand on a de l'eau sous pression, consiste à donner les arrosements au moyen de tuyaux en toile ou mieux en caoutchouc. Chaque tuyau possède des raccords à vis qui permettent d'obtenir les longueurs nécessaires, et l'extrémité de la conduite est terminée par une lance à laquelle on peut adapter à volonté une pomme d'arrosoir.

Avec ce système fort simple, excessivement pratique et très expéditif, on réalise encore une économie d'eau, ce qui, dans bien des cas, est à considérer.

Enfin, l'arrosage à l'aide de l'arrosoir, que tout le monde connaît, s'emploie souvent quand, par suite de la situation dans laquelle on se trouve, l'un des deux procédés précédents ne peut être employé,

Ce système a malheureusement un seul inconvénient, celui d'être lent, d'exiger beaucoup plus de main-d'œuvre et, par conséquent, d'être le plus coûteux. Aussi, dans ce cas, pour éviter de trop longues courses, on devra multiplier les bassins. Des tonneaux à pétrole, aux trois quarts enterrés, convenablement répartis, faciliteront le travail.

Baguettage. — Dès que les plantes ont pris un certain développement et que les rameaux tendent à s'étaler sur le sol, on procède au baguettage, opération qui consiste à entourer chaque plante de 4 baguettes plantées dans le sol, que l'on réunit entre elles par deux ou trois rangs de ficelle, de coton, ou de raphia, de façon à emprisonner les tiges dans une sorte de cage où elles restent maintenues, sans qu'elles soient pourtant trop resserrées. L'exécution des divers travaux se trouve ainsi de beaucoup facilitée. Ce travail, assez long, qui est généralement exécuté par des femmes, est fort utile, surtout pour les variétés à ports étalés.

Fumure complémentaire — La question des engrais à appliquer judicieusement à cette culture est assurément la plus délicate.

Outre le fumier de ferme qui, ainsi que nous l'avons vu précédemment, a été enfoui au moment du labour, et qui, en raison de sa composition, peut être considéré comme apportant au sol à peu près tous les éléments nécessaires à la plante, il faut encore donner à celle-ci, durant son développement, des engrais complémentaires, qui doivent varier selon la végétation et la nature du sol.

A certains moments, l'engrais doit agir comme engrais proprement dit : fournir à la plante une alimentation régulière, restituer au sol les éléments utilisés par celle-ci, d'autres fois il doit jouer le rôle de stimulant : c'est en effet l'époque, le nombre et l'abondance des fumures qui règlent en quelque sorte ce moment de la floraison ; car, dans certains cas, la plante ayant été trop poussée donne une floraison trop hâtive, dans d'autres au contraire la plante se trouvant en retard donne ses produits à une époque trop tardive.

Les fumures demandent donc de la part de l'opérateur des connaissances approfondies.

Les engrais dont l'usage est le plus général sont : l'engrais flamand ou engrais humain, le purin, les tourteaux et notamment ceux de sésame préalablement délayés dans l'eau.

Les engrais chimiques, encore peu essayés en horticulture, sont, croyons-nous, appelés à rendre d'éminents services. Pour les employer avec succès, on doit avoir acquis avec la connaissance intégrale du sol, celles des exigences et des préférences de la plante.

Les quelques premiers essais que nous avons tentés nous permettent de dire que les engrais minéraux semblent parfaitement convenir à la culture qui nous occupe. L'acide phosphorique et la potasse paraissent être les éléments dominants dans les formules à employer.

Nous nous proposons de faire l'analyse complète de la plante pour connaître les éléments qui dominent dans sa constitution et de continuer par une série d'expériences, que nous nous ferons un plaisir de publier et qui, nous aimons à le croire, seront de quelque utilité pour les horticulteurs, amateurs du progrès et désireux d'utiliser ces puissants adjuvants.

Destruction des parasites animaux et végétaux — Il faut écarter avec soin des jeunes plantations, les divers parasites friands des tendres rameaux et qui souvent s'abattent en grand nombre sur les œillets.

Au premier rang sont les pucerons, qui envahissent fréquemment nos plantes ; pour se débarrasser de ces hôtes nombreux et gênants, il faut faire des aspersions de nicotine ainsi composées : 2 litres de jus de tabac pour 100 litres d'eau ; ou bien, 2 kilos de savon noir pour 100 litres d'eau.

Parfois, l'on voit apparaître sur les œillets de petites araignées rouges, souvent en assez grand nombre ; ces arachnides sont considérés comme les signes précurseurs de la sécheresse ; aussi, pour s'en débarasser, il suffit de donner quelques bassinages.

Enfin, il faut aussi se mettre engar de contre les limaçons, larves et insectes de toute sorte, qui pour la plupart, commettent leurs ravages la nuit et se cachent pendant le jour ; tel est, par exemple, le perce-oreille ou forficule, mais tous se plaisent toujours sur les sujets tendres dont ils se nourrissent.

Un autre ennemi, qu'il faut aussi signaler, est une sorte de thrips à peine perceptible à l'œil, qui cause parfois pas mal de dégâts.

Parmi les maladies cryptogamiques, la rouille est une des plus répandues et qu'il faut traiter dès son apparition, ou mieux encore préventivement. A cet effet, on emploie le soure ordinaire, le soure précipité à la nicotine, la chaux en poudre, ou parfois un mélange de ces substances répandu à l'aide de soufflets ordinaires, comme pour le soufrage des vignes.

Une maladie qui est plus redoutable, et qui causerait des ravages considérables si l'on n'y prenait garde, est le Heterosporium. Ce champignon est efficacement combattu à l'aide des bouillies cuyniques ; et il est important pour cette affection d'administrer ces traitements d'une façon préventive, et de n'avoir pas crainte de les répéter.

Une des formules ayant produit les meilleurs résultats est celle donnée par M. Mangin, et composée de : 1 kilo de sulfate de cuivre dissous, versé dans une solution de 1 kilo 300 grammes de carbonate de soude pour 100 litres d'eau, qu'il faut répandre à l'aide de pulvérisateurs à vignes, munis d'un jet vaporisant finement le liquide. La façon d'opérer a, dans ce traitement, une influence considérable et nous ne saurions trop recommander une grande attention.

A mesure que cette culture se développe et prend de l'extension, les maladies semblent s'acharner contre elles et se multiplier de plus en plus. Depuis ces dernières années une affection terrible, d'autant plus à craindre qu'elle n'est encore que très imparfaitement connue, est venue s'ajouter à la liste, déjà trop longue hélas ! des maladies existantes ; la plante dans l'état le plus luxuriant de sa végétation prend tout à coup un aspect languissant, devient jaunâtre, et, dans l'espace de quelques jours, se déssèche et meurt ; le mal semble provenir du collet de la plante, qui paraît être pourri, tandis que plus bas, la racine possède souvent encore toute sa vitalité. Cette maladie, non encore dénommée, et qui a déjà fait subir des pertes considérables, s'est jusqu'ici montrée rebelle à tous les traitements.

Nous avons personnellement entrepris des expériences que nous poursuivons et qui semblent nous faire espérer quelques résultats.

VARIÉTÉS

Les variétés sont très nombreuses, et chaque jour de nouvelles attirent l'attention des amateurs.

L'œillet présente des coloris très variés; et la plupart d'entre eux sont admirables par la splendeur de leurs nuances et la diversité de leurs teintes.

Rien n'est plus décoratif ni plus séduisant qu'une gerbe de ces différentes variétés formant une éclatante mosaïque végétale du plus délicieux effet.

Il se produit pour ces fleurs, comme à peu près pour tout, une sorte de mode qui dure plus ou moins : ce qui fait que presque tous les ans certaines variétés recherchées sont mises tout particulièrement en relief et atteignent souvent des prix fort élevés.

Pour ne citer qu'un exemple, il y a quelques années les « Ardoisés » l'« Enfant du Cap » et les « Brinza » ont obtenu un plein succès, puis ont baissé progressivement pour laisser la faveur dont ils jouissaient aux « Soleil de Nice », aux « Thérèse Franco », aux « Comtesse de Paris », etc.; et actuellement la « Princesse Alice », le « Docteur Raymond », le « Rose Rivoire », et beaucoup d'autres semblent être les favoris.

Néanmoins, les plus belles variétés sont toujours très estimées et comptent sans cesse un nombre considérable de chauds partisans.

Il serait trop long de signaler ici tous ceux qui possèdent des connaissances approfondies sur l'art de cette culture à laquelle ils se sont entièrements consacrés ; trop long aussi serait d'énumérer les nombreuses variétés obtenues par ces travailleurs infatigables.

Disons pourtant qu'un des premiers qui se soit adonné à cette intéressante production est M. L. Fulconis, officier du Mérite Agricole, maître semeur émérite.

Citons aussi M. Carriat, dont l'établissement est au-dessus

de tout éloge et peut être considéré comme un modèle d'exploitation.

Nous allons énumérer quelques variétés qui, par leur vigueur, leur floribondité, leurs qualités remontantes, leur rusticité et leur beauté, méritent d'être signalées.

Président Mouton — Rouge cerise, marbré de blanc ; pétales légèrement dentelés, très large, fleur de 0 m. 08, plante de premier mérite, très remontante, moyenne ou demi naine. Non au commerce. (Obtenue par M. Fulconis)

Secrétaire Noë — Fond jaune paille, strié violacé de rose; non crevard ; plante forte, remontante. Non au commerce. (Même obtenteur).

Mlle Marie Soleau — (Dédié à Mlle Soleau, fille de M. Soleau, conseiller à la Cour d'Appel de Paris, maire d'Antibes). Bel œillet blanc extra pur, légèrement dentelé, très florifère et extrêmement remontant, tigemince mais forte. Feuilles d'un vert très foncé. Rustique. Non au commerce (Même obtenteur).

Princesse Alice — Bel œillet, très florifère : blanc lavé de rose, finement dentelé, tige extrêmement résistante, fleur grande ; très remontant. Plante à fleur remarquable, Très recherché.

Directeur Farrenc — Fleur aux couleurs espagnoles. jaune et rouge, florifère : plante trapue et remarquable par sa rusticité.

Th. Franco — Grande fleur, très florifère pétales à petites dents arrondies, couleur rose tendre, tige résistante.

Plante capricieuse, ne vient pas dans tous les terrains : obtient beaucoup de succès.

Soleil de Nice. — Fleur grande, jaune légèrement sablé de rouge. Pétales légèrement dentelés, très florifère : très estimé.

Professeur Orengo. — (Nouveauté). Fleur très grande, pleine, mesurant 0 m 09 de diamètre, rouge cramoisi avec reflets brillants, tige de fer, plante trapue florifère, très remontante et des plus rustiques, (Obtenu par M. Carriat).

Jean Carriat. — (Nouveauté). Grande fleur, coloris rose satiné, pétales à grandes dents arrondies, tige très longue et ferme : Plante floribonde remontante. (Même obtenteur).

Souvenir de l'Ecole. — Fleur moyenne, rose lavé de blanc, reflets argentés, tige ferme, fimbrié, florifère. (Obtenu par M. Samson, chef jardinier à l'École d'Agriculture et d'Horticulture d'Antibes).

Docteur Raymond. — Belle fleur, rouge brun, non crevard, non dentelé, plante à développement moyen, mais très remontante.

Citons encore le « Favori », rose. — L'« Enfant de Nice », blanc. — « Ant. Guillaume », rose et jaune. — « Miss Moore », blanc pur. — « Comtesse de Paris », jaune soufre.

Telles sont, rapidement énumérées, les variétés les plus en renom. Mais, ainsi que nous le disions plus haut, chaque jour nous réserve des surprises.

RECOUVREMENT PAR CHASSIS

A l'approche du mois d'octobre, il faut se tenir prêt, aux premiers froids, à disposer les chassis qui doivent se trouver soigneusement empilés en tête des bâches, et les placer sur les piquets et lambourdes préparés à cet effet. Ce travail doit s'effectuer dans le courant du mois à une date variant suivant les années et les régions.

Vue d'une plantation au moment du recouvrement par chassis

A cette époque, en effet, la température commence à se refroidir, pendant la nuit surtout, et les plantes ont besoin d'être abritées.

Les chassis vitrés ont pour but de garantir les plantes du froid et des autres intempéries, de conserver la chaleur naturelle ou parfois artificielle qui s'emmagasine durant le jour, tout en leur laissant arriver la quantité de lumière dont l'action est indispensable à la vie des végétaux.

Le seul verre employé pour les chassis est le verre blanc, double ou simple ; celui-ci, en effet, décompose le moins la lumière, possède la propriété de se laisser facilement traverser par les rayons lumineux, et empêche dans une certaine mesure les rayons caloriques obscurs de s'échapper.

Les chassis doivent être soigneusement disposés côte à côte, de façon à laisser dans les joints le moins d'espace possible, afin d'éviter la perte de chaleur intérieure, et la pénétration de l'humidité, de la pluie et du froid. Leur partie supérieure doit être clouée sur les lambourdes à l'aide de petites charnières de cuir qui doivent déjà se trouver fixées aux chassis ; le côté opposé doit reposer le plus exactement possible sur la deuxième rangée de chassis fixés eux-mêmes de la même façon pour les bâches à trois ou quatre chassis, ou sur les planches latérales pour celles à deux chassis.

Pendant toute la durée de leur végétation sous verre, les œillets doivent être l'objet des soins d'entretien que nous avons déjà signalés ; les mêmes ennemis sont à craindre et sont quelquefois même plus nombreux qu'en plein air. Les plus dangereux sont les thrips et les pucerons, dont nous nous sommes déjà occupé ; les moyens de les détruire par l'emploi du tabac ont été également indiqués ; cependant, les aspersions que nous conseillions plus haut peuvent être avantageusement remplacées par des fumigations.

A cet effet, après s'être assuré que la bâche est bien close, on verse sur une plaque de fer, préalablement portée au rouge, en ayant soin, bien entendu, de sortir aussitôt après une certaine quantité de nicotine (jus de tabac), qui dégage des fumées abondantes. On peut aussi obtenir le même résultat en plongeant dans un récipient contenant le jus de tabac une brique pleine, préalablement portée au rouge, ou encore en faisant usage de vaporisateurs instantanés, appareils de forme élégante destinés à obtenir les mêmes effets. Ces moyens suffisent pour se débarrasser de ces insectes voraces.

Les rats, dont il faut aussi se méfier, ont causé quelquefois des dégâts considérables. Aussi, faut-il avoir la précaution de fermer soigneusement pour les empêcher de pénétrer ; les moyens de détruire ces rongeurs sont trop connus pour en parler ici.

Il faut enfin aussi écheniller avec soin.

Quant aux maladies cryptogamiques, les mêmes qu'avant le recouvrement, sont à redouter, les moyens de les combattre sont aussi les mêmes, et nous ne pouvons, à ce sujet, que répéter ce que nous avons dit précédemment.

Les bâches doivent être ouvertes et ventilées tous les jours quand le temps le permet ; cette aération a pour but essentiel d'éviter que l'atmosphère intérieure ait une humidité excessive, humidité qui aurait pour résultat le développement des maladies, d'empêcher les plantes de s'étioler, de les fortifier et de leur faire produire des rameaux rigides, recherchés des fleuristes et des amateurs.

On ouvre le matin après le lever du soleil, et on referme le soir au moment du coucher ; pendant le jour, les chassis sont maintenus relevés par un piquet dont la longueur varie selon que l'on veut ventiler plus ou moins, ou, parfois même, par un objet quelconque, posé entre la planche latérale et le chassis.

MOYENS D'EMPÊCHER L'ABAISSEMENT DE TEMPÉRATURE DANS L'INTÉRIEUR DES BACHES

Il se produit, pendant la nuit, un abaissement de température dû au rayonnement, c'est-à-dire à l'échange de calorique qui s'établit entre la terre et le ciel. Pour obvier à cet inconvénient, on a adopté, afin d'atténuer cette perte de calorique et de diminuer le rayonnement vers les espaces célestes, les quelques moyens que nous allons citer, et, en premier lieu, l'emploi des paillassons.

Paillassons. — Le soir, après avoir baissé les chassis, on recouvre les bâches de paillassons qui, s'interposant entre le verre et l'atmosphère, interceptent le rayonnement du sol et des plantes, empêchant ainsi une trop rapide déperdition de chaleur intérieure. On peut, par ce moyen, obtenir dans les bâches trois à quatre degrés de plus qu'à l'extérieur.

Les tableaux ci-après, qui indiquent le relevé de températures pendant trois journées seulement, suffisent pour venir à l'appui de ce que nous disons.

RELEVÊ THERMOMÉTRIQUE DE TROIS JOURNÉES

(JANVIER 1898). — PREMIÈRE JOURNÉE

			6 heures	Midi	4 heures	8 heures
EXTÉRIEUR	Sud	Maxima	+ 5	27	25	15
		Minima	+ 2	19	13	0
		Heure du relevé	+ 4	22	14	0
	Nord	Maxima	+ 5	13	12	10
		Minima	+ 1	0	10	+ 2
		Heure du Relevé	+ 1	13	10	+ 3
INTÉRIEUR	Bâche	Maxima	+ 6	23	28	17
		Minima	+ 2	+ 1	18	+ 3
		Heure du relevé	+ 3	+ 21	19	+ 4
	Chauff.	Maxima	+ 21	+ 20	22	16
		Minima	+ 11	+ 11	20	13
		Heure du relevé.	+ 11	20	20	16

RELEVÉ THERMOMÉTRIQUE DE TROIS JOURNÉES

(JANVIER 1898). — DEUXIÈME JOURNÉE

			6 heures	Midi	4 heures	8 heures
EXTÉRIEUR	Sud	Maxima	+ 1	31	24	25
		Minima	— 3	— 2	16	0
		Heure du relevé	— 2	25	19	0
	Nord	Maxima	+ 2	13	12	12
		Minima	— 1	— 1	+ 4	+ 3
		Heure du relevé	0	11	7	+ 3
INTÉRIEUR	Bâche	Maxima	+ 5	25	25	27
		Minima	+ 1	+ 1	17	+ 5
		Heure du relevé	+ 1	24	20	+ 5
	Chauff.	Maxima	23	25	26	22
		Minima	11	10	15	13
		Heure du relevé	11	23	19	15

RELEVÉ THERMOMÉTRIQUE DE TROIS JOURNÉES

(JANVIER 1898). — TROISIÈME JOURNÉE

			6 heures	Midi	4 heures	8 heures
EXTÉRIEUR	Sud	Maxima	+ 3	29	20	24
		Minima	— 2	0	+ 3	+ 2
		Heure du relevé	+ 3	7	+ 8	+ 3
	Nord	Maxima	+ 5	12	12	12
		Minima	0	— 1	+ 2	+ 3
		Heure du relevé	+ 3	10	+ 7	+ 3
INTÉRIEUR	Bâche	Maxima	+ 6	24	20	25
		Minima	+ 2	+ 1	+ 4	+ 4
		Heure du relevé	+ 4	21	10	+ 5
	Chauff.	Maxima	20	27	19	26
		Minima	13	11	15	15
		Heure du relevé	13	24	16	18

Ainsi recouvertes, les bâches sont donc mises à l'abri d'un trop fort refroidissement ; malheureusement, ce système offre des inconvénients qu'ont pu constater tous ceux qui l'ont employé.

Ces paillassons, faits de paille de seigle, sont relativement assez coûteux ; ils ont une valeur de 0,90 le mètre carré et ne durent guère plus de trois ou quatre ans, il faut donc amortir 0,30 par an et par mètre carré. Ce chiffre peut atteindre une valeur considérable dans les grandes exploitations. On peut pourtant, en les faisant faire soi-même par des femmes à la journée, à les obtenir à meilleur marché. Dans ces conditions, ils ne reviennent à guère plus de 0, 70 le mètre carré

De plus, les jours de pluie, ces paillassons qui retiennent une quantité considérable d'eau, deviennent très lourds et difficiles à manier. Il faut, en outre, matin et soir, pour les rouler et les dérouler, leur consacrer beaucoup de temps. Enfin pendant l'été il faut, pour les conserver, les mettre à l'abri des rongeurs qui commettent souvent dans les paillassons de véritables ravages, et les soustraire aussi à l'humidité qui les ferait infailliblement pourrir.

A cet effet, le meilleur moyen est de les mettre à plat les uns sur les autres sous un hangar et sur un plancher, en ayant soin d'entourer les pieds de celui-ci d'une sorte d'entonnoir en zinc interdisant l'accès aux souris et aux rats.

Tous les matins, quel que soit le temps, avant d'ouvrir

les chassis et alors même que les bâches devraient rester fermées, il faut enlever les paillassons, les rouler et les tenir prêts à les remettre le soir ; il y aurait, en effet, de graves inconvénients à les laisser pendant le jour séjourner sur les bâches qui seraient ainsi plongées dans une obscurité préjudiciable à la végétation.

Emploi des poëles mobiles. — Pour éviter l'emploi des paillassons, ont peut installer dans les bâches de petits poëles mobiles d'une installation simple et peu coûteuse.

Les bâches étant toujours construites sur un sol légèrement incliné pour faciliter l'écoulement des eaux, on établit le poële vers la partie la plus basse ; l'air chaud, plus léger que l'air froid, se répand ainsi partout. Ces poëles, qui communiquent avec l'extérieur par un simple tuyau en tôle qui donne libre issue au gaz de la combustion, sont munis d'un papillon qui sert à régler le tirage.

Tous les combustibles, peuvent être employés ; mais on choisit ordinairement ceux qui maintiennent le feu le plus longtemps, tels que le coke, l'anthracite et, enfin, ce que l'on connaît dans le commerce sous le nom de briquettes ou agglomérés, qui ont l'avantage de brûler très lentement. De cette façon, le poële allumé le soir, et bien chargé peut durer jusqu'au matin, maintenant ainsi une chaleur largement suffisante pour compenser celle perdue par le rayonnement, et atteignant un dégré assez élevé pour que les plantes ne gélent pas.

Par excès de précaution, ont peut placer à l'intérieur des bâches un thermométre avertisseur relié à une sonnerie, réglé de façon à ce qu'il donne l'éveil lorsque la température arrive à un degré déterminé ; ainsi, en cas de froids excessifs où d'arrêt dans le fonctionnement du poële, la température venant à baisser, la sonnerie est mise en marche. Ainsi averti, on peut alors donner au foyer plus d'intensité ou rallumer le feu éteint.

Dans les bâches de moyenne longueur, un seul de ces appareils suffit ; pour une grande étendue ou dans des endroits peu abrités, on peut en multiplier le nombre.

Les poëles généralement employés à cet usage et de dimension suffisante pour brûler toute la nuit, ont une valeur de douze francs. Avec les tuyaux nécessaires, coudes, appareil de réglage et chapeau pour empêcher la pénétration de la pluie dans le tuyau, ils atteignent un total de quinze à seize francs. Leur durée est illimitée et par conséquent l'amortissement annuel très faible. Avec ce procédé on peut se passer de paillassons.

Ce système peut être aussi employé pendant les années rigoureuses ou dans les situations froides, joint à l'emploi des paillassons, ou lorsque la végétation est en retard et que les plantes, ayant souffert, sont plus délicates et craignent davantage le froid.

TERRAINS, ROTATION DES CULTURES CENTRE DE PRODUCTION

L'œillet n'est pas très difficile au point de vue du terrain, qu'il est presque toujours possible d'amender et de rendre suffisamment propice à cette culture. Il croit très bien dans tous les terrains argilo-calcaires, argilo-siliceux, silico-argileux de consistance moyenne, pourvu que ceux-ci s'égouttent facilement et qu'ils soient bien drainés.

L'œillet ne possède pas cette faculté accordée par la nature à quelques végétaux de venir sans interruption pendant un certain nombre d'années sur un même terrain sans que les produits en souffrent. Par un de ces phénomènes inexplicables, sur les causes desquels la science agricole en est encore à la période hypothétique, cette plante ne peut être cultivée plus d'une année sur le même terrain sans qu'il se produise des troubles d'ordre physiologique dûs à l'absence dans le sol de certains éléments ou encore à l'action délétère de certains principes qui annihilent à peu près sa production.

Aussi, tous les ans est on obligé, si l'on veut le cultiver avantageusement, de le changer de place et d'établir ainsi une rotation sur le sol qu'il occupe.

La culture dont nous parlons est une de celles qui, grâce au concours de l'enseignement agricole et des facilités fournies par les Sociétés et les Syndicats, grâce aussi à l'impulsion donnée par les horticulteurs, professionnels instruits et intelligents, ont pris une extension considérable. Elle est réellement rénumératrice, quand elle est conduite selon les principes qu'elle exige et avec les connaissances que nous venons d'indiquer.

Cette culture qui semble avoir pris son essor dans le département des Alpes-Maritimes et notamment dans la région comprise entre Nice et Cannes, où les bâches d'œillets recouvrent de nombreux hectares, est aujourd'hui répandue dans la plupart des autres départements du littoral Méditerranéen, qui, s'ils sont inférieurs en production, concourent avec lui à réjouir l'Europe entière de ces fleurs délicates et suaves qui poussent innombrables dans ces régions privilégiées.

CUEILLETTE

Œillet remontant

C'est en Octobre et Novembre que le cultivateur commence à voir fleurir ses chères plantes, dont il a suivi l'évolution avec tant d'intérêt et auxquelles, depuis longtemps déjà, il prodigue ses soins minutieux et constants. Cette époque attendue avec anxiété et sur laquelle il fonde toutes ses espérances est enfin arrivée, et c'est avec joie qu'il voit éclore les premières fleurs, dont il va pouvoir tirer la rénumération légitime de ses peines.

A cette époque le prix des fleurs est assez élevé, la douzaine d'œillets se paie selon les variétés depuis 0 fr. 40 jusqu'à 1 fr. 50.

Il faut avoir soin, dans les premiers temps, de ne pas cueillir les tiges qui supportent de nombreux boutons, mais d'enlever seulement celui qui est épanoui, quelle que soit la longueur de tige qui reste à la fleur, ou même si celle-ci faisait complètement défaut ; le développement des autres boutons, qui à leur tour fleuriront, est ainsi facilité.

Chacun conçoit à sa manière l'esthétique de l'œillet. Les uns recommandent de cueillir la fleur dès son épanouissement, les autres exigent qu'on attende qu'elle ait acquis son développement complet. Le cultivateur connaissant le goût de ses clients peut facilement les contenter à ce point de vue. La plupart des variétés peuvent généralement être cueillies avec plusieurs fleurs sur chaque tige, d'autres au contraire telles que la " Princesse Alice ", le " Brinza ", l " Enfant de Nice " et quelques autres encore sont prises avec une fleur unique par tige. Ces usages peuvent sans inconvénient être modifiés conformément aux idées de chacun.

A l'aisselle des pousses qui viennent de donner ces fleurs, naîtront encore des tiges qui donneront une deuxième floraison dans le courant d'avril et mai. C'est cette propriété qui leur a fait donner le nom de " *remontants* ".

Les fleurs cueillies sont immédiatement portées sur le marché si elles sont vendues sur place, dans le cas où elles devraient attendre quelque temps avant d'arriver à leur destination, on devra avoir soin de les mettre dans de grandes bassines, avec l'extrémité de la tige dans l'eau, et enfin le plus souvent elles seront minutieusement emballées dans des boîtes en carton, en bois, ou des corbeilles en roseau entourées de papier soie, pour prendre ensuite les destinations les plus diverses. De toutes nos fleurs, l'œillet est une de celles qui souffre le moins du transport à part le " Brinza " et le " Ducreux " qui semblent moins bien se prêter aux expéditions.

Au moment de la forte production, partent tous les jours pour tous les pays d'Europe des milliers de paniers de ces fleurs qui iront donner une note gaie dans les froides régions où elles feront les honneurs de l'ornementation.

Ces merveilleuses beautés naturelles inspireront, sans doute à ceux qui les auront sous les yeux et qui respireront le suave parfum qu'elles exhalent, un sentiment d'admiration pour ce beau pays de France, cette noble et fertile nation, la plus favorisée de toutes par la nature et dans le midi de laquelle, sous les bienfaisants effets d'un soleil toujours radieux, auront grandi ces gracieuses fleurs aussi éclatantes par leurs teintes qu'enivrantes par leurs senteurs.

IIe PARTIE

FORÇAGE

Pendant l'hiver, au moment des plus grands froids, l'œillet cesse de végéter, par conséquent de fleurir. Or comme dans les bâches ordinaires la chaleur solaire n'est pas suffisante pour fournir à l'air ambiant et surtout au sol la somme de chaleur nécessaire pour permettre la floraison de la plante, on est obligé d'employer le chauffage artificiel.

En vue de fournir au milieu dans lequel plongent les racines le calorique nécessaire pour exciter leur vie, deux moyens sont en usage : les couches et le thermosiphon.

Couche – Nous passerons sous silence les détails qui concernent le montage des couches, opération que connaissent tous les jardiniers ; elle ne présente rien de particulier pour cette culture et s'exécute ainsi que cela a lieu pour l'obtention des primeurs ou le forçage de certaines autres plantes. On doit exclusivement employer le fumier de cheval qui est celui qui fournit la plus forte chaleur.

Quelquefois le forçage se fait avec l'action combinée des couches et du thermosiphon ; nous ne conseillons pas ce système qui ne présente d'ailleurs aucun avantage ; attendu qu'avec le thermosiphon on peut régler la chaleur à volonté et qu'il devient dès lors inutile de compliquer le travail, d'augmenter la dépense et de s'embarrasser par la présence du fumier.

Thermosiphon — La théorie du thermosiphon est basée sur les faits qui démontrent la corrélation qui existe entre la chaleur et le travail mécanique. En effet le mouvement continu de la circulation est dû à la chaleur.

L'eau du thermosiphon peut être chauffée par un foyer ou par la vapeur. On trouve aussi dans des serres d'amateurs des perfectionnements tels que le chauffage du thermosiphon par le pétrole ou le gaz d'éclairage.

Seul le thermosiphon ordinaire doit être employé pour le forçage de l'œillet, c'est le seul que nous conseillons et c'est de lui seulement que nous nous occuperons.

Voici en principe comment fonctionne cet appareil.

Dans la partie la plus basse de la serre et extérieurement, se trouve une chaudière placée sur un fourneau; lorsque l'eau qu'elle contient est chaude, elle tend à s'élever par suite de la dilatation qui la rend plus légère, pousse devant elle l'eau contenue dans les tuyaux qui communiquent avec la chaudière par la partie supérieure, et se trouve remplacée par l'eau plus froide qui arrive par les tuyaux du bas. Un mouvement circulatoire s'établit donc, l'eau chaude sort de la chaudière, l'eau moins chaude ou froide y revient Tel est le principe du thermosiphon.

On ne peut pas, sans avoir les données voulues, déterminer la capacité des chaudières qu'on trouve dans l'industrie de toutes dimensions. Il faut que les appareils et les tuyaux soient proportionnés à la capacité de la serre et contiennent assez d'eau pour que la chaleur s'y conserve davantage, ce qui permet de cesser de chauffer à certains moments. On trouve aujourd'hui des appareils perfectionnés avec lesquels, la température ne variant pas rapidement on n'a pas à craindre les « coups de feu. »

Néanmoins, il est bon d'avoir dans la chaufferie un thermomètre avertisseur réglé dans les limites de la température à conserver et qui communique avec la chambre du veilleur chargé d'alimenter le foyer. Si la température tendait à dépasser les limites du maximum ou du minimum le chauffeur se rendrait compte s'il doit activer ou modérer la chaleur.

Quel que soit le modèle, dont les types sont nombreux, plus ou moins perfectionnés et variant dans leurs prix, leurs formes et leurs capacités, il faut chercher à avoir un calorifère solide qui puisse fournir une température régulière ne présentant aucun danger d'explosion et permettant de régler la chaleur à volonté, ne laissant dégager aucun gaz délétère tel que l'oxyde de carbone, n'exigeant pas une surveillance continue et autant que possible économique en combustibles ; parmi ces derniers les plus employés sont la houille, le coke, l'anthracite et dans certains modèles même le bois et la tourbe.

Le plus grand reproche que l'on puisse adresser à ces installations, c'est d'être trop coûteuses : en effet, outre la valeur de la chaudière qui atteint des prix excessivement variés selon son perfectionnement, sa construction et sa puissance, il faut ajouter le prix du combustible et des accessoires tels que vannes, purgeur, robinets, joints, brides, boulons, supports, regard, cheminée etc, etc.

Il serait fastidieux, de passer en revue les nombreux types de chaudières qui existent, d'indiquer leurs avantages ou leurs inconvénients et d'en faire connaître la valeur ; nous avons brièvement indiqué les principales qualités qu'il faut rechercher en elles et, en consultant les catalogues des divers fournisseurs spécialistes, on sera éclairé au sujet de leurs prix.

Il nous suffit donc de savoir qu'il existe des chaudières depuis 150 francs jusqu'à 6 000 francs et même au dessus. Les tuyaux les meilleurs marchés sont en fonte et varient de prix selon le diamètre; les plus usités sont ceux de 0^{m}10 de diamètre qui se payent à raison de cinq francs le mètre.

Pour connaître exactement les prix d'une installation, il suffit donc d'être fixé sur le genre d'appareil que l'on désire, de connaître la dimension des locaux, les températures que l'on veut atteindre, et calculer d'après les prix courants établis à cet effet.

Culture au chauffage. — Rien de bien différent dans la culture dite « forcée » si ce n'est la quantité de chaleur artificielle fournie à la plante pour éviter un arrêt temporaire de sa végétation et provoquer l'éclosion des boutons florifères.

Sur une plantation établie à demeure, telle que nous l'avons indiqué précédemment, on établit les canalisations nécessaires au chauffage, pour commencer à chauffer au moment de l'arrivée des froids, quand la végétation tend à s'arrêter, ce qui à lieu suivant les années et les régions où l'on se trouve, à des époques variables ; fin novembre ou commencement de décembre dans le midi.

Si le chauffage est préalablement installé dans des bâches ou serres spéciales, les œillets, plantés comme dans le cas ordinaire, sont laissés en pleine terre jusque vers le mois d'octobre, puis, lorsqu'ils sont bien boutonnés, rentrés dans la chaufferie pour y être poussés activement. Les plants sont alors arrachés avec leur motte et replantés dans les endroits chauffés, où l'on attend que la reprise soit faite, ce qui a lieu trois semaines ou un mois après ; puis, on commence à chauffer. Il faut se tenir dans des limites convenables et ne pas atteindre une température trop élevée, on doit éviter de dépasser la moyenne de 12° à 13° centigrades sous peine de voir la plante souffrir d'un excès de chaleur et s'étioler. Dès l'apparition du soleil, il faut avoir soin de cesser de chauffer pour ne pas ajouter à la chaleur qu'il fournit celle produite par le thermosiphon et arriver ainsi à dépasser les limites rationnelles. On rallume les feux le soir. Si le temps est couvert et froid on peut continuer à chauffer modérément pendant la journée.

A part l'attention soutenue qu'il faut apporter dans la régularité du chauffage et les bassinages périodiques qu'il faut donner aux plantes au moment de l'aération des serres, les autres soins d'entretien sont les mêmes que ceux que nous avons indiqués dans la culture ordinaire sous chassis.

Ce qu'il y a de plus important dans la culture au chauffage c'est l'aération. Aussi, dans bien des contrées, on n'arrive pas à cultiver avec succès l'œillet remontant, car à cause de l'humidité constante qui règne dans l'atmosphère et des absences fréquentes du soleil, l'aération devient impossible, dans ces conditions la plante souffre, s'étiole, fleurit peu, ne remonte pas et se trouve le plus souvent envahie par les maladies cryptogamiques,

Il faut dire encore que toutes les variétés ne se prêtent pas aussi bien à la culture au chauffage. Parmi les plus cultivées dans ces conditions et parmi celles qui donnent les meilleurs résultats, se trouvent le " Pétrus Maga " le " Jean Pierre Nugues " , le " Miss Moor " Antoine Guillaume ". Les autres variétés se prêtent moins bien à ce genre de culture.

Le chauffage qui est indispensable dans un très grand nombre de contrées et auquel il faut avoir recours pour s'adonner à cette culture est presque inutile dans le midi et notamment dans les parties de la Provence qui bordent la Méditerranée ; et qui, on peut le dire, offrent par leur situation exceptionnelle un riche capital dont les horticulteurs doivent savoir tirer parti. L'œillet, sauf de rares exceptions, végète pendant tout l'hiver dans ces sites privilégiés et le chauffage, même durant les années les plus froides ne doit intervenir, d'une façon intermittente, que pour éviter les gelées. Aussi les installations faites à cet effet doivent être simples surtout afin de pouvoir tirer parti du chaud et réconfortant soleil du midi qui, en permettant une économie de combustible, augmentera considérablement les bénéfices des cultivateurs. Dans les autres conditions la culture de l'œillet remontant au chauffage sera toujours possible quand on pourra de temps à autre aérer convenablement. L'aération est donc la condition sine qua non.

Telles sont les principales précautions que doivent prendre ceux qui ne peuvent pas compter seulement sur le soleil et qui sont obligés de faire intervenir le chauffage pour jouir de l'éclat et des parfums de cette fleur incomparable qu'on a si justement choisie comme symbole de la gloire.

FIN

TABLE DES MATIÈRES

TABLE DES FIGURES

www.ingramcontent.com/pod-product-compliance
Ingram Content Group UK Ltd.
Pitfield, Milton Keynes, MK11 3LW, UK
UKHW021012200726
13857UKWH00004B/1400

9 782011 339485